だんだん できてくる ダム

鹿島建設株式会社／監修

藤原徹司／絵

フレーベル館

もくじ

はじめに

くらしをまもるダム

　わたしたちのくらしには、水がかかせません。のむだけでなく、りょうりにも、せんたくにも、トイレにも、毎日つかいます。みぢかなところだけでなく、はたけや田んぼでやさいや米をそだてたり、工場でものをあらったり、さまざまなところで水がつかわれています。

　——あるとき、雨がふらない日が何日もつづきました。山からながれてくる川の水がへり、川下の町ではつかえる水が足りなくなっていきます。
「たいへんだ！　こんなふうになる前に、どこかに水をためておけばよかった……！」

　それができるのが、ダムというしせつです。川の水があまっているときにダムにためておき、水が足りなくてピンチのときには、ダムから水をながして、みんながつかえるようにします。
　ぎゃくに、雨がたくさんふりすぎて川の水があふれそうなときは、ダムにしっかり水をためて、こう水をふせぐこともできます。

　さて、ダムをつくることになりました。
　どのようにつくられているのでしょうか。
　だんだんできてくるようすを、
　見てみましょう。

ダムをつくる

ここにダムをつくろう。
水をしっかりためて、何がおきても
みんなのくらしをまもれるように。

道路を
つくる

ダムづくりでは、とっても広いばしょが工事げんばになる。大きなじゅうきもたくさんはたらくよていだから、げんばのあちこちに行けるように、工事用の道路をつくろう。木を切り、土をたいらにして、しめてかためる。

もちろんげんばは、工事にかんけいない人は立ち入りきんしになる。ほかの人の生活用に、新しい道路もつくる。ダムになるばしょをさけて大回り。山や谷を通すためには、トンネルや橋もひつようだ。

バックホウ

アーム

グラップル

バックホウの長いアームの先に、木をつかむものをとりつけたもの。切った木をかたづけたり、トラックにつみこんだりする。

橋をかける

ダムをまたいで通す道路には、橋をかける。谷に橋きゃくを立て、主げたを左右にたいらにのばしてつくり、山と山をつなげる。

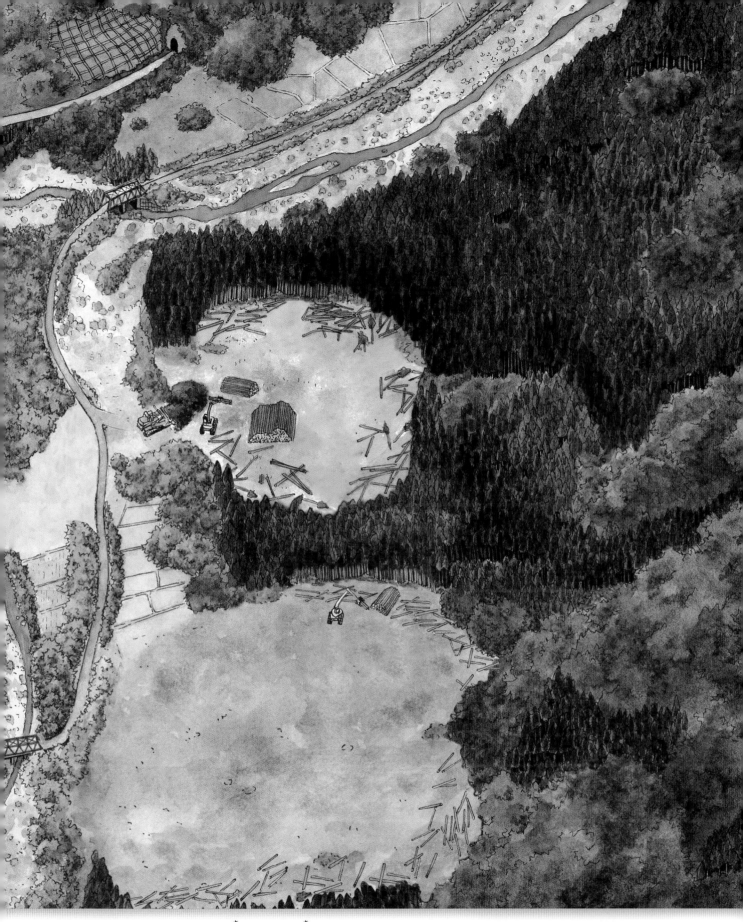

切った木はどこへ？

太いみきは、木材としてつかいます。細いえだは、いぜんはすてることも多かったのですが、今では細かくくだいてねんりょうにしたり、ダムのまわりにしいたりして、すてないでつかうこともあります。

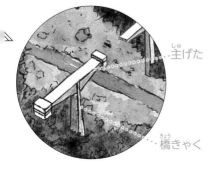

……主げた

……橋きゃく

川の
ながれを
かえる

　ダムでは、川のばしょも工事げんばになる。川に水がながれていたり、水びたしになっていたりすると工事ができないから、川のながれをかえる「転流」の工事をする。

　転流の工事では、新しく川にするみぞをほり、もとの川をせき止めて、ながれを切りかえる。げんばをさけて川を大回りさせるには、山にトンネルをつくって川をながす。

川のトンネル

　川の水をながすトンネルは、ダムができ上がるまでつかうものです。工事がおわったら、コンクリートでふさいでしまいます。

❶トンネルをつくる
山の中にトンネルをつくる。

❷川をせき止める
土をもって、川を
せき止め、川のな
がれをかえる。

❸水をながす
トンネルの出口か
ら、水がながれる。

9

ざいりょうを
とる

　ダムの工事げんばは、山おくにある。ダムをつくるには、山の形をととのえたり、そばの川や山からすなや石や岩をとったりするなど、まわりにあるものをつかって工事をする。

　いろいろなさぎょうをすることになるから、木をかたづける。木を切って、ねっこをぬいて、土をたいらにしてをくりかえす。すると、げんばは、だんだん見通しがよくなっていく。

バックホウ

アームにつけたシャベルで、かきこむように土をほるじゅうき。

アーム・・・・・・・・・・

ブルドーザー

土などをおしてならし、たいらにするじゅうき。

ざいりょうをとる山

ざいりょうをつくる工場

ダムのざいりょう

　ダムをつくるざいりょうは、近くの川や山でとれたすなや石や岩に、セメントと水をまぜてつくります。これを CSG（Cemented Sand and Gravel＝セメントでかためたすなや石という意味）といいます。

ざいりょう

すなや石や岩
ちょうどよい大きさのものをえらぶ。

セメント
やいた石灰石やねん土に、石こうをまぜたこな。

水

11

いよいよ ダムを つくる

ダムの水をせき止めるかべは、「堤体」といい、山の間の谷につくる。堤体はずっしりおもいから、ふかふかの土の上につくると、しずみこんでくずれてしまう。そうならないように、山の土をどかして、がんじょうな岩をけずり出して山の形をととのえ、その上に堤体をつくる。

ずっしりおもい 台形のダム

このダムは、CSGのまわりを、よりかたくてがんじょうなコンクリートでおおった「台形CSGダム」というしゅるい。

台形CSGダム

コンクリート

CSG

よこから見ると「台形」。
台形は、むかいあったへんのうち、ひと組が平行な四角形。

ツインヘッダ

アームの先に、けずるための「は」がついたじゅうき。はをかいてんさせて、ゴリゴリと岩をけずり、しゃ面の形をととのえるときなどにつかう。

ダンプトラック

ものをはこぶダンプトラック。ダムのげんばでは、55トンもはこべる「じゅう（重）ダンプ」がかつやくする。

タイヤの大きさは2.4メートル！

あんぜんをいのる

　堤体が少しできあがってきたころ、工事のぶじをかみさまにいのる「ていそ式」を行います。式では「そ石」をうめ、ダムができたあとのぶじもいのります。

しめて
かためる

堤体は、下のほうからじゅんにつくる。ダンプトラックがはこんだざいりょう（CSG）を、ブルドーザーでたいらにして、ローラーでしめてかためる。これが、1だん75センチメートル。つくるダムの高さにもよるけれど、このダムでは150だんほど、くりかえす。

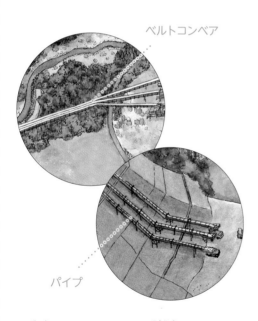

ベルトコンベア

パイプ

堤体のざいりょうは、工場からベルトコンベアで、堤体のそばの山の上まではこびます。山の上からは、パイプを通して堤体の上でまつダンプトラックにのせます。そして、ひつようなばしょまでとどけます。

コンピューターでじゅうきをうごかす！

堤体をつくるには、コンピューターのたすけをかりて、じどうでじゅうきをうごかせるようにしています。じどうでうごくじゅうきは、きゅうけいすることなく長時間はたらけるので、工事をみじかくおわらせられるからです。かんりするへや（管制室）のコンピューターから、インターネットをつかってめいれいをおくると、じゅうきがじどうでさぎょうします。

ダンプトラック

ブルドーザー

しんどうローラー

じんこうえいせい
人工衛星をつ
かって、じゅうき
のいちをはかる。

コンピューターでうごく
ハンドル
GPSやセンサーから
じょうほうを、うけ
とってうんてんする。

センサー
まわりのようすを
たしかめる。

じどうでうごく、しんどうローラー

かんりするへやでは、インターネットをつかって
じゅうきのいちやうごきを知り、ひとりでたくさん
のじゅうきをどうじにかんりしています。

15

まわりを
かためる

　水にさらされる堤体を、さらにがんじょうにするため、つみ上げたCSGの外がわをコンクリートでおおってかためる。コンクリートのざいりょうは、なかみのCSGとほとんど同じだけれど、よりしつのよい岩などにセメントをふやしてまぜてつくる。これで、ダムに水がしみこみにくくなるほか、雨にも、風にも、太ようのねつにもたえられる。

コンクリートでおおう

　CSGでつくった堤体の外がわを、水のしみこみにくいコンクリートでおおいます。コンクリートをながすときのかたわくは、タブレットやパソコンでそうさして、じゅうきと同じように、じどうでおいたり、うごかしたりします。

かたわくをじどうでおくそうち

かたわく

長さ5メートルのてっこつ

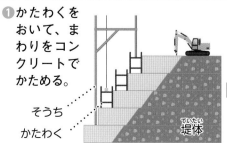

❶かたわくを
　おいて、まわ
　りをコンク
　リートでか
　ためる。

　そうち …………
　かたわく …………
　ていたい
　堤体

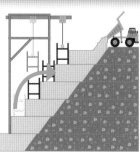

❷かわいたところの
　かたわくをクレーン
　でつり上げ、新し
　いだんにおき、コン
　クリートをながす。

これを堤体が
おおわれるまで
何だんも
くりかえす！

17

夜でも
しめて
かためる

　ダムは、何年もかけてつくるけれど、くらしにやく立つものだから、なるべく早くつくりたい。そこで、できるだけみじかいきかんで工事がおわるように、じどうではたらくじゅうきがやくに立つ。じどうのじゅうきは、人にかわって、夜も工事をすすめてくれる。人は、パソコンで見まもるだけ。

雪のきせつはお休み

　さむい地方の工事げんばでは、冬、雪がつもったら工事を休みます。げんばまで、人もものもたどりつけなくなるからです。だから、なるべく工事を早くすすめられる、じどうのじゅうきが大かつやく。しゃしんは、秋田県東成瀬村の「成瀬ダム」の夏と冬のようす。冬はどこがダムかわからないくらい、雪がつもります。

生きものたちへの気づかい

　ダムをつくるのは大しぜんの中。近くには、数が少ないイヌワシやクマタカなどのめずらしい生きものがすんでいることも。生きものたちのくらしをまもるため、すの近くをさける、子そだてのきせつの工事をひかえるなどの、気づかいもしなければなりません。

イヌワシ　　クマタカ

せつびを
つくる

　堤体の工事をすすめながら、まわりの工事もすすめていく。たとえば、水力発電所。ダムの大事なやく目のひとつである、電気をつくるためのせつびだ。

　ほかに、堤体ができ上がったあとに、けんさするための通路もつくる。堤体がひびわれたり、堤体の中に水がもれたりしていないか、中からしらべることができる、とくべつな通路がひつようなんだ。これを「かんさろう（監査廊）」という。

水力発電所

水の力で
電気をつくる

　水力発電所では、水を高いところからひくいところへおとして、いきおいよく水車を回すことで、電気をつくり出します。水をおとす高さが高いほど、たくさんの電気をつくることができます。

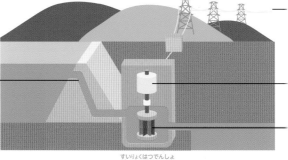
❶水をいきおいよくおとす
❷水車を回す
❸発電機で電気をつくる
❹町へ電気をとどける
水力発電所

堤体の中にある
かんさろう

かんさろう（監査廊）

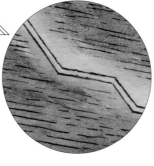

これから長い間、ダムをあんぜんにつかっていくために、堤体の中にとくべつな通路をつくって、中からけんさできるようにする。堤体がひびわれたり、水がもれたりしていないかなどをしらべる。

ダムが
できた！

おわりに

遠くにあって、みぢかなダム

ダムに水がたまって湖ができると、魚がすみつき、鳥もおとずれるようになりました。工事でさわがしかった森にも、生きものたちのしずかなくらしがもどってきたのです。そして、しぜんの中につくられた、とてつもなく大きなものを見るために、人びともあつまります。

川にながれる水のりょうをコントロールしているのがダムです。

また、ダムにある水力発電所でつくる電気は、町の人びとのくらしをべんりにしています。

ダムは遠い山おくにあって、自分にはかんけいないと思う人もいるかもしれませんが、じつは、わたしたちのくらしをささえてくれている、みぢかなものです。

行ってみたいダムを、見つけてみましょう。
どういう地形にあるのか、しらべてみましょう。
きっと、新しいはっけんがあるはずです！

どんなダム？こんなダム！

ダムのはじまり
くらしをまもる、ため池

ダムがいつごろからつくりはじめられたか、くわしいことはわかっていません。でもダムは、その土地の水にかんする、さまざまなもんだいをかいけつするためにつくられたものでした。

今知られている、いちばん古いダムは、今から5000年近く前につくられたエジプトのサド・エル・カファラダムです。たびたびあふれる川のこう水をふせぐためと、ピラミッドづくりのための石切り場ではたらく人や、どうぶつののみ水にするためのダムでした。10年いじょうかけて石をつみ上げてつくられましたが、工事のとちゅう、こう水でこわれてしまったことがわかっています。

エジプト
日本

©www.meretsegerbooks.com

サド・エル・カファラダム（エジプト）
右のしゃめんに切り出した石をつみ上げたあとが見られる。

写真提供／国土地理院

西除川
三津屋川
西除川

日本では、616年ごろ、大阪府大阪狭山市につくられた狭山池のダムが、今のこっているいちばん古いダムです。水が少ないこの土地で、はたけや田んぼにつかう水をためておくために川をせき止めてつくられました。何回も大きなしゅうりをして、1400年たった今でもつかわれています。

狭山池（大阪府大阪狭山市）
西除川と三津屋川のふたつが合わさるところを、せき止めてつくられた。

形がおもしろい！
いろいろなダム

ダムは、まわりの土地の形やかたさなど、いろいろなじょうけんに合わせて、水のおす力にたえられるように堤体（→12ページ）の形をきめます。ここでは、いくつかのしゅるいをしょうかいします。

アーチ式コンクリートダム

水のおす力を曲線でうけ止め、ダムにかかる力を両がわの山やそこの岩ばんににがしてささえる。岩ばんがかたいところにしかつくれない。

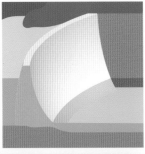

奥三面ダム（新潟県）

撮影／ワークショップSA

ロックフィルダム

ねん土・すな・岩石をつみ上げてつくるダム。あまりおもくならないので、岩ばんががんじょうでなくてもつくれる。

ななせダム（大分県）

撮影／川澄・小林研二写真事務所

重力式コンクリートダム

たくさんのコンクリートをつかってつくる、ずっしりおもいダム。水がおす力を、おもい堤体でうけ止める。岩ばんがしっかりしたところにつくる。

五ケ山ダム（福岡県）

台形CSGダム

まわりの山をけずったときに出たすなやくだいた岩石を、セメントでかためてつくるダム。工事げんばの近くのざいりょうでつくるので、かんきょうにやさしい。

当別ダム（北海道）

＊本文でしょうかいしたのは、この形のダムです。

撮影／ワークショップSA

でっかいぞ！　かっこいいぞ！
せかいのダム

黒部ダム

日本一高いダム

富山県にある、堤体のてっぺんの長さ492メートル、高さ186メートル、ためられる水のりょうはおよそ2おくトンという、とっても大きなダム。1963年にでき上がるまでの7年間で、およそ1000万人が工事にたずさわった。ダムの水力発電では、1年間におよそ30万けんの家の電気をつくることができる。

写真提供／関西電力株式会社

アメリカ

フーバーダム

大都市のくらしをまもる

堤体のてっぺんの長さ379メートル、高さ221メートル。コロラド川の谷であるブラックキャニオンに水をためるダム。大都市のラスベガスやロサンゼルスの電気や水道、まわりのはたけをうるおす水としてもつかわれているよ。

日本　アメリカ

Photo by Adrian Ace Williams/Archive Photos/Getty Images

カナダ

ダニエル・ジョンソンダム

カナダ
日本

アーチの形（かたち）がおもしろい！

堤体（ていたい）のてっぺんの長（なが）さ1314メートル、高（たか）さ214メートルもあるダム。いくつものアーチがつらなって、ダムをささえている。このつくりのダムは、地（じ）しんに強（つよ）いところにしかつくれないので、日本（にほん）にはあまりないんだって。

発電（はつでん）りょうがせかいでいちばん！

中国（ちゅうごく）でもっとも長（なが）い川（かわ）である長江（ちょうこう）にかかるダム。堤体（ていたい）のてっぺんの長（なが）さ2309メートル、高（たか）さ185メートルもあり、1日（にち）に、日本（にほん）の黒部（くろべ）ダム100こ分（ぶん）より多（おお）い電気（でんき）をつくることができる。

中国（ちゅうごく）
日本（にほん）

三峡（さんきょう）ダム

中国（ちゅうごく）

Photo by VCG/VCG via Getty Images

Photo by YolandaVanNiekerk/iStock

カツェダム

日本ともつながりのあるダム

標高 2000 メートルの高さにあって、堤体のてっぺんの長さは 710 メートル、高さ 185 メートルをほこる、アフリカで 2 番目に大きいダム。湖のつめたくすんだ水でニジマスをそだてていて、日本にもはこばれてきているんだ。

グランド・ディクサンスダム

うつくしいけしきのダム

堤体のてっぺんの長さ 695 メートル、高さ 285 メートルのダムで、スイスでつかわれる電気の 5 分の 1 をつくっている。アルプス山脈の中にあって、けしきがきれいなことで有名。たまっている水は、ほとんどが山の上にある氷河がとけた水なんだ。

（データはすべて 2023 年現在）

29

わくわく

ダムの工事でかつやくする

じゅうき 重機

シャベル

アーム

バックホウ

アームにつけたシャベルで、かきこむように土をほる。シャベルは、べつのものにもつけかえられる。ダムでは、とくに大型のものなどもかつやくしている。

クローラドリル

岩山をはっぱ（発破・火薬でばくはして岩をほること）するとき、火薬をうめこむためにかたい地面をほるじゅうき。

ブルドーザー

土などをおしてならし、たいらにするじゅうき。

ローラー　　　　　　　　　　　ローラー

バイバック

コンクリートをながしこんだ
ところに、じゅうきの先につ
いたぼうをつきさし、ブルブ
ルふるわせてコンクリートを
しめかためる。

しんどうローラー

おもいローラーで、地面をたい
らにする。ローラーはブルブル
としんどうするので、しっかり
しめかためることができる。

ダンプトラック

おもいにもつをはこぶトラック。と
くに大型のものは、車そのものがあ
まりにおもいので、工事げんばの外
の道は走らない。

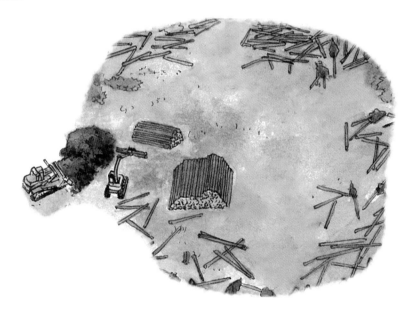

［監修］鹿島建設株式会社
https://www.kajima.co.jp/

［絵］藤原徹司
埼玉県生まれ。桑沢デザイン研究所ドレスデザ
イン科卒業。イラストレーター、グラフィック
デザイナーとして活躍する。書籍や雑誌の装画
など多数。コッテリ水彩と称し、サインペンの
線画を軸にリアルなイラストレーションを制作。
レトロな質感が味わい深く、だれしもが懐かし
い気分になるようなイラストが魅力。

［装丁・本文デザイン］
FROG KING STUDIO（近藤琢斗、森田直）
［編集協力・DTP］
WILL（戸辺千裕・小林真美）
［校正］
村井みちよ
［写真提供］
鹿島建設株式会社、PIXTA、Shutterstock.com

だんだんできてくる⑦
ダム

2024 年 2 月　初版第 1 刷発行

［発行者］吉川隆樹

［発行所］株式会社フレーベル館
　　　　〒 113-8611 東京都文京区本駒込 6-14-9
　　　　電話　営業 03-5395-6613　編集 03-5395-6605
　　　　振替　00190-2-19640

［印刷所］TOPPAN 株式会社

NDC510 ／ 32 P ／ 31 × 22 cm
Printed in Japan
ISBN 978-4-577-05149-8

乱丁・落丁本はおとりかえいたします。
フレーベル館出版サイト　https://book.froebel-kan.co.jp

だんだんできてくる

[全8巻]

まちたんけんに GO!

できていくようすを
定点で見つめて描いた
絵本シリーズです

「とても大きな建造物」や
「みぢかなたてもの」、
「たのしいたてもの」が
どうやって形づくられたのかが
わかる！

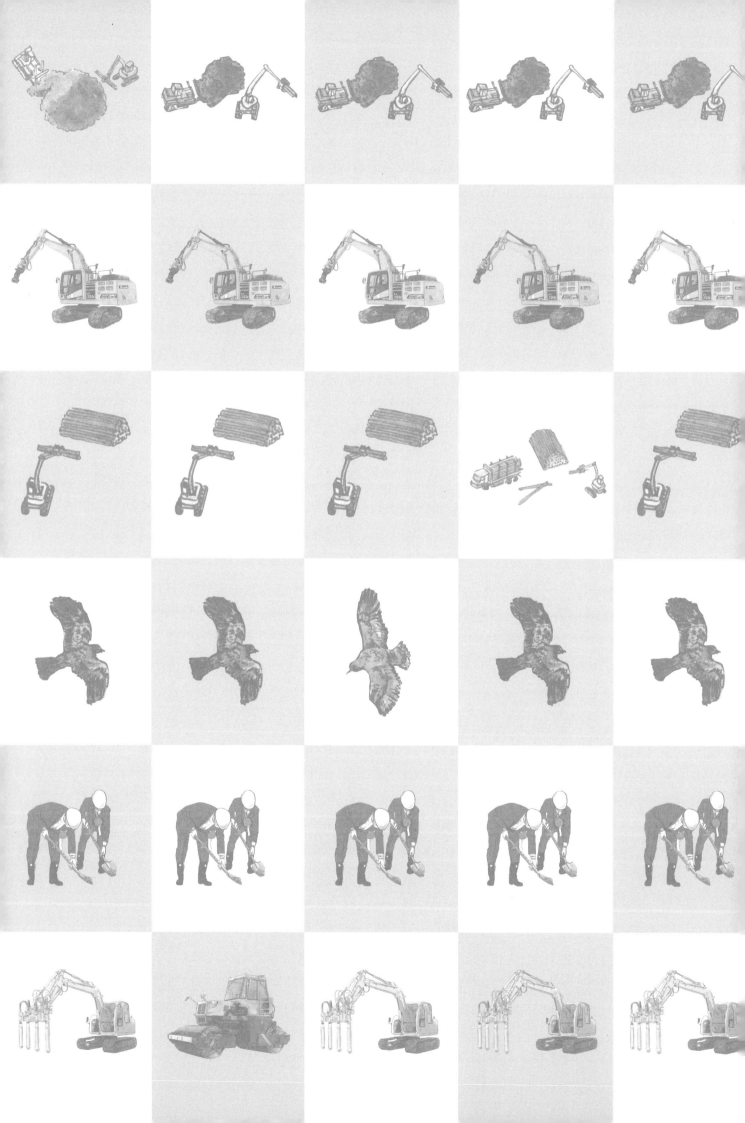